U0387092

有一个小游戏时常会在我的脑海中出现，我把它叫作"北极熊时间"。无论在室内、花园里、火车上，还是在工作中，我会经常暂时停下手上的事情，想起就在这一刻，在这颗星球的某个地方，有一头北极熊也正在活动。我会试着想象它在做什么，它有什么感觉，它又在想什么。

我会用这样的方式提醒自己，我不是世界的中心，那些远在天涯海角的生物同样有着至关重要的意义。

我们的冰冻星球是一颗不断变化的星球，这里的冰雪世界以及生活在那里的动物和植物，并没有想象中那般遥不可及。事实上，它们如同我们的邻居，是全球生态系统的重要组成部分，会影响我们日常生活的方方面面。我们吃的鱼就有一些来自寒冷的海洋，为汽车提供动力的燃料也有些取自冰面之下，而我们建筑施工所用的木材也许就来自银装素裹的北方针叶林。

因此，我们与冰雪世界和那里的动植物都有关联。它们遭遇的困境与我们息息相关，因此我们应该想办法帮助它们摆脱危机。

我们总可以找到解决方法，并有所作为。我们必须要做出改变，改变我们的思维方式，改变我们的生活方式。我们都有能力完成一些力所能及的事情，不必非得等某人出来拯救世界。每个人都可以贡献自己的力量，积少成多，足以让两极地区以及高山之巅的生态在未来更有保障。我们现在就要行动起来。我们作为这颗星球上的一个物种，当面对这样的重大问题，同时也知道我们有可能解决它的时候，请审视自己和身边的亲戚朋友们，问问自己："为了做出改变，我可以或者我应该去做些什么？"然后去行动吧！

你会为千里之外的一只企鹅或一头北极熊带去快乐——再没有比这更美好的事情了。

—— 英国自然学家　克里斯·帕卡姆

冰冻星球

[英] 莱斯利·斯图尔特-夏普 著

[加拿大] 金·史密斯 绘　狄岚 易欣 译

中信出版集团 | 北京

图书在版编目（CIP）数据

冰冻星球 /（英）莱斯利·斯图尔特 - 夏普著著；（加）
金·史密斯绘；狄岚，易欣译 . -- 北京：中信出版社，
2023.12
书名原文：Frozen Planet Ⅱ
ISBN 978-7-5217-6010-1

Ⅰ . ①冰… Ⅱ . ①莱… ②金… ③狄… ④易… Ⅲ .
①自然科学 - 儿童读物 Ⅳ . ① N49

中国国家版本馆 CIP 数据核字（2023）第 171933 号

冰冻星球

著　者：［英］莱斯利·斯图尔特 - 夏普
绘　者：［加拿大］金·史密斯
译　者：狄岚　易欣
出版发行：中信出版集团股份有限公司
　　　　　（北京市朝阳区东三环北路27号嘉铭中心　邮编　100020）
承 印 者：鹤山雅图仕印刷有限公司

开　本：787mm×1092mm　1/8　　　　印　张：8　　　　字　数：159千字
版　次：2023年12月第1版　　　　　　印　次：2023年12月第1次印刷
京权图字：01-2022-3735
书　号：ISBN 978-7-5217-6010-1
定　价：58.00 元

出　品：中信儿童书店
图书策划：知学园
策划编辑：姜晓娜　陈苏荃
责任编辑：王琳
营销编辑：陈婧颖
封面设计：谢佳静
内文排版：杨兴艳

冰冻星球

我们的星球是蓝色的，是一个由海洋驱动的水世界；它也是绿色的，有郁郁葱葱的草原和森林；但在最后的荒野中，它是……白色的。

每年，在长达几个月的时间里，我们星球表面的五分之一处于冰冻状态。这些地区不仅仅局限于地球的两极，还有在阳光灿烂的热带草原上巍然屹立的肯尼亚山，以及环绕地球北部的北极苔原和北方针叶林等。这些覆盖着冰雪的栖息地令人叹为观止，那些生活在其中的生物也同样非凡神奇。

这里的每种动植物都必须忍受极端温度才能生存。然而，对大多数动植物而言，当它们逐渐适应之后，季节已开始更迭。冰冻世界的变化有规律可循，秋季开始降温封冻，春季便会冰雪消融……但是如今，这个冰冻世界正面临新的挑战。

几个世纪以来，我们都认为地球上的冰冻世界离我们很遥远。现在，由于地球变暖的影响，这些地方正处于气候变化的风口浪尖。

这些地方遭遇的危机将波及所有人。

来吧，让我们潜入冰层之下，与海豹宝宝在水中同游，和寒风中的火烈鸟一起飞上天空，或者在饱餐的海象的陪伴下打瞌睡。让我们一同领略那些冰雪雕琢的世界的美，探索冰冻星球上的奇迹。

当周围的世界
变得天寒地冻

在我们出发穿越冰面之前，
先来了解一下冰是从哪里来的。
当气温降到 0℃ 以下时，
水就会以各种美丽的形式凝结成冰。
从冰封的湖泊、河流和海洋，到**冰盖**和**冰川**，
冰雪王国就这样诞生了。

如果你在一个晴朗而寒冷的日子里向
窗外望去，你会看到形态最简单的冰。

气温降到 0℃ 以下时，空气中的水分
（被称为水蒸气）会在地面、树木和其
他表面凝结成白色的结晶体。这就是
所谓的**霜**。

阅读本书时，你可能会遇到一些关于冰雪王
国的新词汇。可参见书后的词汇表。

在同样寒冷的天气条件下，云层中也会形成微小的**冰晶**。

越来越多的冰晶聚集到一起，形成了复杂的**雪花**——每一片雪花都是独一无二的。

雪花达到一定重量后，就会落向地面。

如果在下落过程中受热，一部分雪花会融化，形成**雨夹雪**。

在积雨云中，

雨滴

可以

凝结

在一起，

成为

大块的

冰，

这就是

冰雹。

这还不是全部，冰还有助于维持我们星球的健康。
翻到下一页，你会发现冰具有意想不到的超能力。

冰的重要性

在一年的大部分时间里，这片面积为俄罗斯4倍左右的地区都被冰雪覆盖着。这片冰冻的栖息地被称为冰雪圈。在地面上，它包括冰川、冰帽、冰盖和永久冻土。而在水中，冰雪圈包括冰封的湖泊和河流，以及海冰和冰山。每种类型的冰雪栖息地都为维护我们星球的健康发挥着重要作用。

保持地球凉爽

覆盖冰雪圈的冰、雪就像一个反射罩，能把照射在它们之上的90%的太阳光反射回太空。这可以帮助地球保持凉爽。一旦海冰消失，深海就会吸收来自太阳的热量，导致海洋进一步变暖。

淡水的流动

地球上的水只有一小部分是可以饮用的淡水，而超过70%的淡水都以冰态的状态储存于冰川中。它们构成了地球上最大的淡水库。高山上的冰川在每年夏天都释放出大量的融水，滋养了整个地球上的生命。

冰冷的家园

一些微小的生物是海洋动物重要的养分来源，这就是海洋浮游植物。这些微小的藻类有的生长在海冰的下方。

在春天，海洋浮游植物大量繁殖，养活了在海洋中漂流的海洋浮游动物，如水母、软体动物，以及桡足类动物、磷虾等甲壳动物。

浮游动物继而供养了

大型鱼类、海鸟、鲸和其他海洋哺乳动物。

地球的循环系统

海水温度下降到冰点以下时，表层海水就会结冰，这个过程会排出盐分。冰层下的海水因此变得更冷、更咸，密度更大，从而下沉。在风与洋流的帮助下，这些较冷的海水会穿越海洋，携带养分滋养沿途大量的生命。这被称为全球输送带——大洋环流。

裹好保暖衣物，我们即将前往第一处冰冻栖息地！

冰封海洋

关于海冰的故事

我们的旅程开始于世界最北端的北极地区。在加拿大的巴芬岛附近，暮色中，**北极熊**
正静静地在冰面上行走，用它们的眼睛和耳朵辨别着方向。

这里的冬天是漫长的黑夜。地球围绕太阳公转时，地轴是倾斜的。因此，在北极不
同的地区，每年最多有将近 6 个月的时间，太阳不会从地平线上升起。没有了温暖
的阳光，每年冬天，北极地区的冰封面积比美国还要大。

欧绒鸭

不过在冰层之下，依然存在生机。

冰间湖为水下世界提供了一
个窗口。冬日微弱的阳光由
此射入昏暗的海底，**欧绒鸭**
潜入

水下

寻找

海胆。

格陵兰睡鲨

很快就到了春天，太阳从地平线上探出头来。
在冰层下面，**竖琴海豹**宝宝在学习游泳的技能，
而**格陵兰睡鲨**正在深海中遨游。

竖琴海豹

不久，北极的景观再次发生变化，成为不夜的世界。夏日的太阳高
悬在天空中，白昼持续 24 小时。随着海冰逐渐融化，冰面上开始积
水，到了仲夏，北极的冰面已经缩小到澳大利亚的面积大小。也正
是在这个时候，不少动物访客远道而来。

它们穿越陆地、海洋或天空，抵达北极富饶的海
域。从寻求阳光的**北极燕鸥**到数以千计的**白鲸**，它
们都想充分利用这个夏天养精蓄锐。因为等到秋天
再度降临时，白昼时间会变短，海面会再次被大片
的海冰覆盖。

白鲸

北极海冰的定期形成与消融为海洋中的所有
生命奏响了律动的节拍。

冰封海洋的故事

北极进入了夏天，一派生机勃勃。
海水中有各种各样的动物，这里是理想的度假地。

大腹便便的海象

在北极地区的斯瓦尔巴群岛的海域，一只海象正在享用大餐。它潜入水中，在海底嗅来嗅去，吸食蛤蜊壳中的肉。很快，它就打算回到岸上打个盹儿。

没有海冰可供小憩，它只能回到海岸。可海岸上挤满了打盹儿的海象，它们就像一堵墙似的，一眼望不到尽头。没关系，它觉得大家会为它腾点儿地方。

它拖着庞大的身躯在海象群中穿行，停下歇口气，然后继续往前挪几步。

嗯……大家只能挤一挤了。

这个好办，马上就进去了……

扑通！

可以好好休息和消化了。

它一闭上眼睛，肚子就传来隆隆声，接着是巨大的咕噜声，然后……

噗！

它放屁了。

消化的过程总会伴随不少声响。

哦，天哪，其他海象也不甘沉默，像一个个噗噗响的喇叭。

噼！

啪！

噗！

海象肤色发红，但不是因为尴尬。它准备到海里去降降温了。这次，它有了一个好办法……滚下去。

一次，两次，再努力一把，然后……
啪的一声，终于凉快了。

岩石上的大明星

微风拂过位于美国阿拉斯加和俄罗斯之间的圣劳伦斯岛。
数百万的**凤头海雀**飞来这里寻找一段短暂的夏日恋情——繁殖季到了！
有一只年轻的雄性凤头海雀正准备求偶。
但在同样靓丽的同伴中，它很难脱颖而出。

特别是当它与岩石上最帅气的那只雄性凤头海雀相比时……

对方实在是太迷人了！

它的羽毛非常华丽。

它的叫声悦耳动听。

它还占据了抢眼的舞台。

在所有凤头海雀的注视下，
它挺起胸膛，
伸长脖子，
然后

高歌一曲！

就在你认为这个大明星
已经使出浑身解数时，
仔细闻闻……
它释放出了独一无二的气味！
一股浓郁的橘子香气，
令异性无法抗拒。

雌性凤头海雀纷纷为它折服，
蜂拥而上。

其他年轻的雄性凤头海雀无能为力，
只能在一旁围观，为下次求偶积累经验。

海里的水疗中心

几个世纪以来，**弓头鲸**一直缓慢地在海洋中遨游，沿着古老的洄游路线在夏季来到北极的海域。

它们不仅是地球上寿命最长的哺乳动物，就体形而言也是数一数二的，一头成年弓头鲸比一辆中型公交车还长，重量与一架飞机相当。

它们聚集在俄罗斯东海岸一个温暖的浅水海湾里。这里是弓头鲸的水疗中心，夏天是它们一年之中的保养时间。

弓头鲸侧身，摆动着它们的胸鳍和尾鳍，然后在海底的岩石上摩擦它们巨大的身躯。

啊，就是那个地方。

它们通过摩擦让死皮脱落。很快，这群弓头鲸变得容光焕发。

但快乐的时光是短暂的。

一群不速之客即将入驻水疗中心……

虎鲸来了。

它们行动迅速，饥肠辘辘，如同狼群一般，准备集体捕猎。

虎鲸的出现引起了弓头鲸群的警惕。弓头鲸身上的伤痕就是之前遭遇虎鲸时留下的。

弓头鲸唯一的防御武器是强壮的尾鳍，它们试图挥动尾鳍，击退虎鲸。但是弓头鲸宝宝难免会落单，成为被攻击的目标。

很快，一只弓头鲸宝宝就被虎鲸们包围了。

虎鲸必须找到食物才能生存下去，而今天，它们如愿以偿。

冰封海洋的居民

嗝！

超过 10 000 头**弓头鲸**在北极海域里缓缓地游动。它们的嘴有一辆拖车那么大，每天可以吞食多达 6 吨的浮游生物。

弓头鲸

冠海豹

这可不是粉红色的气球

这是**冠海豹**鼻子里的鼻囊，膨胀起来是为了恐吓其他雄性冠海豹并吸引雌性。

海中的独角兽

你瞧，独角兽真的存在。它们虽然不能翱翔天际，却可以在北极的冰层下畅游。它们头上长剑一般的"独角"实际上是一颗 3 米长的牙齿，从雄性**一角鲸**的上唇凸出来。

只有少数雌性一角鲸也长着形似但较短的牙齿，这一特征主要属于雄性。有时，在个别情况下，雄性一角鲸会长出两根长牙。真不可思议。

一角鲸

海洋里的祖爷爷

格陵兰睡鲨是地球上寿命最长的脊椎动物，大多数寿命至少有 250 年，而科学家们甚至发现有一头格陵兰睡鲨可能已经活了 400 年！

但不要被它迷惑了，虽然它速度慢、视力差、年龄大，但科学家们认为，善于伏击的格陵兰睡鲨仍是深海里的顶级猎手之一。

格陵兰睡鲨

海藻之王

雄性**麦秆虫**也许看起来又小又透明，但它们却是海藻森林中的勇士。麦秆虫会紧紧抓着海藻，努力爬到比其他同类还要高的地方，享受上方的浮游生物盛宴。海藻顶部十分拥挤，麦秆虫之间很快爆发了冲突。砰！砰！它们挥舞巨大的螯展开较量。

麦秆虫

谁的脚掌毛茸茸的？

北极熊！北极熊脚底的脚垫和脚趾之间有毛，在冰原上行走时能御寒。北极熊的爪子像雪鞋一样，大约有网球拍那么宽。前爪长有较小的蹼，有点像青蛙的脚，可以帮助北极熊在海中划水。北极熊是游泳高手，因此被归类为海洋哺乳动物。

北极熊

冰洋流浪

气候变化导致海洋温度上升，北极地区的海冰逐年大幅减少。

在过去的 40 年里，北极夏季时的海冰面积已经缩减了 50%，科学家们担心到 2035 年，北极地区在夏季将成为无冰区。海冰是北极熊的主要捕猎场，随着海冰的减少，北极熊只得长时间下水游泳，有时要游好几天才能找到陆地。

这些流浪的北极熊纷纷来到俄罗斯东北海岸外的弗兰格尔岛，这里是目前地球上北极熊最集中的地方之一。北极熊原本会在海冰上捕食富含能量的海豹，但在弗兰格尔岛，它们只能以海象和旅鼠为食，甚至偶尔吃搁浅的鲸，而这些食物无法替代营养丰富的海豹。饥饿的北极熊数量众多，它们要为每一口食物而战。每年有越来越多的北极熊来到弗兰格尔岛，停留的时间也比以往长了一个月。

随着北极气候的变化与海冰的消失，北极熊不断寻找新的求生之道。问题在于，这些来自海洋并习惯于在海冰上行动的猎手，能否迅速适应陆地上的新生活？

冰封大地的秘密生存者

北极圈横跨地球的最北端，圈内地区的冬天可长达 6 个多月，甚至有个别地区会被冰雪覆盖至少 9 个月。这片冰天雪地的荒野包括**北极苔原**和**北方针叶林**等。若想在这里的寒冬中生存，动物们必须竭尽所能。

北极苔原北临北冰洋，几乎没有树木生长。由于永冻层较厚，大多数植物都难以生长。只有根系较浅的植物，如地衣和苔藓，能够依附于地面。

北极苔原以南的平原不再空空荡荡，纤细的树木逐渐出现，最终形成一望无际的**北方针叶林**——数不胜数的落叶松和针叶树被积雪压弯了树枝。

在深冬时节，位于俄罗斯的**北方针叶林林区**寒冷而寂静。为数不多的动物居民在林间神出鬼没。一只饥饿的远东豹静静地在林中行走。它听到了远处乌鸦的叫声，这或许能指引它发现食物。这只远东豹很幸运，它发现了一具**梅花鹿**的尸体。对于这种宝贵的大型猫科动物来说，这是一顿难得的美餐。

但要注意，这片树林中隐藏着……

远东豹

东北虎

另一种神出鬼没的动物。

一只**东北虎**也听到了乌鸦的叫声，它也很饿。它在这片林地里留下了自己的痕迹——许多树木和岩石上都有它的抓痕或气味。远东豹也注意到了这些警告。这两种行踪隐秘的动物可能会共享一片森林、一棵树或一条小路，但它们不愿分享一顿美餐。

出没在北方针叶林里的动物们表明，在这里生存的不仅有最结实的树木，还有最坚韧的野生动物。我们还会在这里发现什么秘密呢？

冰封大地的故事

老狼老狼，几点了？

一群饥饿的**狼**正聚集在加拿大广阔的冰雪森林中。这是一个由超过 25 只来自同一家族的狼组成的"超级狼群"，规模在世界范围内数一数二。它们集结到一起，打算捕杀这里最大的猎物——强壮的**美洲野牛**。

一头成年美洲野牛的体形要比狼大 10 倍左右，被美洲野牛踢中可能会丧命。然而，一头美洲野牛就能喂饱整个饥饿的狼群，而它们已经 5 天没有进食了。

狼群找准时机，头狼带头冲锋。

狼竖起背毛，龇着白牙，开始扰乱美洲野牛群。美洲野牛感觉到一场大战即将到来，变得焦躁不安，它们竖起尾巴，聚在一起。最终狼群发动袭击，美洲野牛仓皇逃跑。

狼群紧跟在美洲野牛身后，尽管狼群有非凡的耐力，但在开阔的平原上，美洲野牛的实力与它们不相上下。为了获得掩护，美洲野牛跑进了树林。这场你追我赶的战斗，

如今变成了致命的捉迷藏游戏。

受惊的美洲野牛拼命想保持安静，但在狼群面前难以隐匿，一个错误的举动就会暴露自己。追逐又开始了。

在一片混乱中，几头美洲野牛脱离了牛群。狼群在数量上占据优势，开始发起进攻。

老狼老狼，几点了？

开饭了！

旅鼠的生活

空空荡荡、白雪皑皑的北极苔原是地球上最冷的生物群系，
这里的动物很难在这个大冰柜中找到食物。

你可以问问这只孤独的**北极狐**。

这个冬天，它已经行走了几千千米，
哪怕是最小的猎物也不愿放过。其实
现在就有一个小不点儿，正舒舒服服
地过着自己的日子……

就在
它的
脚下。

厚厚的积雪下，
隐藏着交错复杂的地道，
那是一个隐秘的世界。

这就是旅鼠的王宫。

王宫的主人出现了。
虽然这只**旅鼠**短小肥胖，但它是个挖
洞高手。看看它的杰作吧。

这里是卫生间，旅鼠
可以在这里方便。

还有一间舒适的卧室。

它就像生活在一台冰箱里面，
苔藓是随手可得的零食。

咯吱！

北极狐的时尚

北极狐早已适应了寒冷的环境，它能忍受比冰柜的温度还要低 2 倍的低温——而在这种温度下，它们依然能够保持时尚。北极狐披着温暖、柔软的白毛，蓬松的尾巴绕在身上，就像一条舒适的围巾。它毛茸茸的脚就像雪地靴一样，让它可以不动声色地接近猎物。嗯……至少大多数情况下都能得手。

什么声音？地面上饥饿的北极狐竖起了耳朵。

北极狐能听到你的动静，小家伙！
尽管你藏在很深的地下，
它看不到你。

北极狐越来越饿，但最终还是离开了。
也许下一份美餐会更容易获取。

咯吱！

咯吱！

冰封大地的居民

背部

腹部

锦龟

冰雪宝宝

生活在地球最北端的爬行动物极为稀少，它们会使用特殊的策略度过严冬。在加拿大阿冈昆森林的冻土中，有几只被冻僵的**锦龟**宝宝。锦龟宝宝在秋天破壳而出，然后藏在地下的洞穴中，一直冬眠到春天。它们身体中有一半以上的成分是水，在低温环境下会凝结成冰。因此，这些新生的锦龟宝宝可以在冻僵的状态下睡上一个冬天。等春天到来时，它们会逐渐解冻，然后从洞穴一路爬到地面。

矮柳与蜜蜂

6月，在斯堪的纳维亚苔原上，大片**矮柳**正在茁壮生长，刚刚从冬眠中苏醒的**熊蜂**蜂后就主要以矮柳为食。熊蜂蜂后开始筑巢，但地面仍然很冷，如果它把卵置于地面，这些卵就会被冻坏。因此，熊蜂蜂后会像鸟一样趴在卵上。它微微抖动身体，利用腹部散发出的热量为自己的卵保温。几天后，卵孵化了，新的熊蜂出现，正好迎来好天气。

熊蜂

矮柳

会飞前的 8 个星期

8 个星期，这就是**雪鸮**宝宝学习飞行的时间。为了储备体能，它们每天要吃掉 5 只旅鼠。它们在飞行前还要做好准备：褪去蓬松的绒毛，长出梳齿状的飞羽。到了几周大的时候，它们就可以在苔原上尝试飞行了。它们跳跃、扇动翅膀，最后……腾空而起！

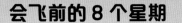

神出鬼没的大猫

大约 15 年前，野外只剩下 30 只成年**远东豹**，但随着人们加强对森林的保护，开展反偷猎巡逻工作，这一物种有望从灭绝的边缘恢复。

如今，大约有 120 只远东豹藏在西伯利亚森林深处的洞穴里。东北虎的体形是**远东豹**的 2 倍，大约有 500 只潜行于俄罗斯远东地区的陡峭森林中。

东北虎

远东豹

小鱼，大嘴巴

每年夏天，数以百万的**红鲑**会离开海洋，逆流而行，游到阿拉斯加内陆河流的上游产卵。而**棕熊**每年都在等待它们。棕熊用后腿站立时，体高可达到惊人的 2.5 米。它们在齐膝深的水中等待，随时准备张开大嘴，挥动爪子，扑向鱼群。

棕熊

红鲑

大迁徙

在一望无垠的苔原上，即将上演地球上关于野生动物的最精彩的故事。

几千年来，成群的驯鹿沿着古老的迁徙路线穿过苔原，离开越冬地，前往夏季繁殖地。此时，20 多万只格兰特驯鹿正在迁徙途中。

在忍受了长达 9 个月的寒冬之后，驯鹿群最终抵达位于美国阿拉斯加州东北海岸的牧场。此时，怀孕的雌性驯鹿即将分娩。它们 24 小时沐浴在阳光下，这里有充足的水和草，对它们来说就像是天堂。*但情况正在发生变化。*

每到夏季，太阳的热量使大量冰雪融化，一大片沼泽地就此形成，为蚊子提供了完美的繁殖地。蚊子发出嗡嗡的声音，不停地叮咬驯鹿。如今，由于气候变化导致气温升高，冰雪融化的时间比以往更早，蚊子的繁殖季也随之提前。夏季，气温变得比以往更高，当疲惫的驯鹿妈妈和新生的宝宝想安静地进食和休息时，蚊子会给它们带来困扰，让它们无法忍受。于是，痛苦不堪的驯鹿别无选择，只能放弃最好的草场，继续迁徙。

驯鹿群继续前行，它们将穿过湍急的河流，此时，饥肠辘辘的棕熊正在河道上觅食。筋疲力尽的驯鹿宝宝必须努力跟上驯鹿群。它们同心协力，不断前行，但在艰难跋涉数月后，它们会发现苔原已经被寒冷的北冰洋取代。很快，驯鹿将不得不再次离开。但它们至少可以在这里获得暂时的安宁。

冰封山峰的好时光

在林木线以上的云层深处，有一些高耸入云的"岛屿"。地球上的这些山脉，构成了与众不同的冰雪栖息地。

为了生存，生物不仅需要忍受高山稀薄的空气和低温，还必须经受天气的考验。巍峨的山脉创造出独特的气候环境，这里的天气瞬息万变。

狂风从四面八方吹来，将大雪变成了暴风雪。云雾隐藏在陡峭的悬崖间，增加了从悬崖边掉落的风险。

这里天气好的时候不多，生物必须充分利用这些好时光。

云雾弥漫多日之后，太阳终于出现在欧洲最高的山脉——阿尔卑斯山脉的上方。臆羚是一种与山羊很相似的动物，它们正沿着岩石山坡攀爬，带领宝宝们走向安全的山峰。

金雕

膻羚

气流沿着悬崖不断上升，帮助金雕一路飞到高空。金雕在这个高度可以清楚地看到3千米外的猎物。一对金雕夫妇正在结伴捕食，它们锁定了一只比它们大得多的膻羚。

金雕毫不畏惧地俯冲而下。它抓住了猎物，随后……

又

放手了。

在这片高海拔地区，重力是真正的致命杀手。

从肯尼亚山的热带冰川到世界上最高的山脉——喜马拉雅山脉的顶峰，在高海拔世界，动物们已经习惯了这种惊心动魄的生活。

我们一起登上高山，去体验冰封山峰的极端天气和四季变化吧。

冰封山峰的故事

冷静的变色龙

这是一只耐心的变色龙……一只非常有耐心的**头盔变色龙**。

它是栖息在寒冷山地的冷血动物，在炙热的太阳重新照耀肯尼亚山并使它的身体升温之前，它哪里都去不了。

这似乎还不足以考验它的耐心，但它真的得马上行动了——它怀孕了，而今天正是它生产的日子。它在安静地等待。

继续等待。

还是先吃点早餐吧。它伸出黏黏的舌头，抓住了一只**蟋蟀**。

太阳终于升起来了，晶莹的冰霜开始融化。它的机会来了。

气温快速上升，它的体温也在上升，这样它才能顺利生产。

再晒一会儿日光浴应该就差不多了。

为了尽可能多地吸收阳光，它绿色的皮肤几乎全变成了黑色。

最终，它开始生宝宝了。这只冷静的头盔变色龙成了6只小变色龙的母亲。

但它们没时间休息，太阳要落山了，变色龙得想办法活下来。

它们需要立即找到藏身之所，因为又一个寒冷的夜晚即将来临。

我需要一个拥抱

日本阿尔卑斯山脉降雪不断。
短短数日，这里的积雪可达数米厚，
当气温骤降至 −20℃ 时，这里的动物很容易被冻死。

对于独自在潮湿、
　　寒冷
　　　　的山间活动的动物来说，这是最难熬的时期。

这只年轻的**日本猕猴**正面临困境。

它的母亲要照顾新生的宝宝，根本没时间管它。
它只能靠自己。

它失温过多，在觅食的过程中，四肢已经冻僵。
现在只有一个办法能救它——得到同伴的拥抱。

它看到远处有一只日本猕猴正在雪地中瑟瑟发抖。这只
雄性日本猕猴也落单了，它现在也很冷。这两只日本猕
猴极有可能给彼此带来生存的希望。但年轻的日本猕猴
必须小心，因为对方可能会攻击它。

主动为对方理毛也许会有用吧？

于是，它伸出了友谊之手……

这个方法奏效了。

最终，这两只日本猕猴
找到了自己急需的可以
拥抱彼此的同伴。

火烈鸟的飞行

阿尔蒂普拉诺高原位于安第斯山脉，是一片海拔约 4 000 米的高原。
这里环境恶劣，不适合生物生存。

阿尔蒂普拉诺高原被活火山包围，是一片空旷的沙漠，这里没有可以遮挡太阳的植被。到了冬季，这里也没有东西可以遮挡刺骨的寒风。那么，怎样才能在这片高海拔地区存活下来呢？

安第斯火烈鸟找到了答案。

安第斯火烈鸟在盐湖中生活，虽然它们看上去更适合生活在被棕榈树环绕的池塘中。

冬季，这里的气温会降至 –20 ℃。此时，成年火烈鸟会向低海拔处迁徙，寻找更温暖的水域。但火烈鸟宝宝将面临更艰难的处境，因为它们还没学会飞行，无法迁徙。

湖面开始结冰，"跑道"变得湿滑。

非常滑。

踩着"高跷"在冰面上奔跑是很难的。

由于羽毛沾上了盐并开始结冰，它们的身体变得更重了。

狂风呼啸，火烈鸟宝宝挤在一起取暖——它们的时间不多了。然后……

刮起了一阵大风。

这阵风足以帮助这只火烈鸟宝宝离开冰面。也许还有其他火烈鸟宝宝。

又刮风了，在大风的助力下，火烈鸟宝宝扇动翅膀，终于……

它们飞起来了！

这些鸟儿可能看起来很脆弱，但就在刚才，它们战胜了冰冻星球上最恶劣的山地环境之一。

冰封山峰的居民们

大熊猫的竹林

大熊猫

在云雾缭绕的中国山区，竹林不仅是大熊猫的藏身之所，也为它们提供了食物。在春夏季节，大熊猫可以尽情享受鲜嫩的竹笋。

秋天，大熊猫喜欢吃竹叶，冬天，它们主要吃竹竿。但竹子的营养成分不高，因此大熊猫的食量很大——它们每天需要用 10 个小时进食。

鸟——真正的王者

来到高空，鸟儿是真正的王者——它们是终极幸存者。

新西兰的濒危动物**啄羊鹦鹉**是地球上最聪明的鸟类，它们甚至有自己的"学校"。幼鸟会聚集在这里，互相学习如何在山里觅食和生存。

金雕

啄羊鹦鹉

金雕是一种凶猛的捕食动物，是力量的象征。它们的飞行速度超过每小时 240 千米，并且可以攻击体形比它们大很多倍的动物。

坏脾气的猫科动物

这个看起来脾气暴躁的绒毛球其实是一只**兔狲**。这种小型野生猫科动物总是一副愁眉不展的样子。它们主要在中亚的山区活动，是四肢最短的野生猫科动物。由于身体贴近地面，兔狲需要腹部的长毛来保暖。

兔狲

变色龙

敏捷的舌头

变色龙的舌头像弹簧一样，其长度是身体长度的 2 倍。它能快速地将舌头伸出去，速度甚至比一级方程式赛车还快！

紧盯猎物的美洲狮

美洲狮主要在黎明和黄昏捕猎。在昏暗的光线下，美洲狮能巧妙地隐蔽起来，然后利用出色的夜视能力定位原驼，最后出其不意地扑向猎物。和**狮子、老虎**等大型猫科动物不同的是，美洲狮不会吼叫，它们只能发出呼噜声。

这不是羊驼

这不是**羊驼**。这是羊驼的野生祖先——原驼，是生活在南美洲的骆驼科动物。原驼披着毛茸茸的大衣，是名副其实的生存大师。它们能忍受南美洲安第斯山脉中的极寒气候和狂风。

美洲狮

原驼

云端冰封

大熊猫惹人怜爱，它们证明了保护工作的重要性。

半个世纪以来，人们齐心协力拯救了这个濒临灭绝的物种。他们改造农田，种植大熊猫需要的竹子。他们通过设立自然保护区和大熊猫繁育计划，帮助大熊猫宝宝在野外生活，获得了喜人的成效。20 世纪 70 年代，大熊猫的数量只有1 000 只左右，而现在的数量几乎是原来的 2 倍。

大熊猫离不开一种植物——竹子。但有一个问题，大熊猫喜欢的竹子需要在较寒冷的环境中生长，而随着温度的上升，竹子生长区域的海拔也在升高，导致大熊猫的活动范围随之发生变化。在高高的山上，在巨大的云端岛屿上——大熊猫也许只能在一片不断缩小的森林中活动。

在我们的冰冻山峰上，大熊猫等野生动物的生存取决于人类在山下采取的保护措施。

冰封南极
与世隔绝的世界

在遥远的南方，大风以龙卷风的速度呼啸着吹过冰盖，这里的温度甚至比火星还低。这里就是南极洲——与世隔绝的冰封世界。

冰从海底升上来，在天气的影响下与陆地断开，形成冰山。在海岸上，冰层延伸至远端，形成冰盖。这片冰盖的面积差不多是澳大利亚的 2 倍。

地球上 60% 的淡水集中在南极洲，但其实南极洲是一片荒漠，这里是地球上最干旱的大洲。贫瘠的南极洲内陆已有数百万年没下过一滴雨。这里的内陆山谷中没有雪堆，只有成堆的沙土。

帝企鹅

还有一点同样令人感到意外。这里的冰雪之中竟然还存在火山。在南极洲西南海岸的罗斯岛，埃里伯斯火山已经活跃了 100 多万年。在这里，古老的火山湖一直在沸腾、冒烟。

雪雏

科学家认为，在西南极洲的冰面下，大约有 130 座火山。而整个南极洲冰盖下可能有超过 400 个地下湖泊，其中甚至可能存在神秘的生物。

古老的**叠层石**——数千年来由低等藻类或细菌堆叠形成的生物沉积结构——从湖底升起。这些原始的生命形式通过光合作用向大气释放氧气，使地球上的生命得以进化。

叠层石

冰封南极的故事

可怕的捕鱼之旅

风暴肆虐的南乔治亚岛是地球上最大的**王企鹅**聚居区。成千上万只毛茸茸的王企鹅宝宝正挤在一起，它们仅靠一点点食物就能熬过漫长而严酷的冬季。

为了去海上捕食，父母需要离开好几个星期。如今，父母终于回来了，在石头上跟跟跄跄地走着。

王企鹅宝宝刚吃完，又迫不及待地想吃更多。

数百只无私的王企鹅父母已疲惫不堪，但还是重新上路了。它们排成一列纵队前进，最终抵达大海——地球上鱼类数量最多的水域之一。

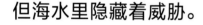

但海水里隐藏着威胁。

30 多只**豹形海豹**在巨藻之下徘徊。一只豹形海豹一天可以吃掉 10 只王企鹅。

一只勇敢的王企鹅将它的鳍状肢伸进水里，在其他王企鹅的注视下尝试下水。

豹形海豹慢慢靠近海岸。

王企鹅父母们别无选择——毕竟还要喂养数百只饥肠辘辘的宝宝。于是，这些毫无畏惧的矮小渔夫们……

潜入了水中。

追逐开始了。

大多数王企鹅冲了过去，继续它们的捕鱼之旅。很快，它们会带着满满一肚子的鱼回来。

到那时，豹形海豹也会伺机而动。

石头大盗

在海上度过寒冷的冬季后，南极洲的**帽带企鹅**开始寻找住处。为了使它们的卵保持干燥，帽带企鹅夫妇爬到高处，建起了石头房子。唉，这个区域的居民太多，建筑材料总是供不应求。

这是什么？看来邻居家正好有这对夫妇在寻找的东西。

在说"邻居，你好"的间隙，贪心的帽带企鹅偷走了邻居家的石头！

便便炮弹

有一只企鹅突然想排便了，气氛开始变得凝重。但它好像不打算在自己的巢穴里排便。随着便意越来越明显，它背对着风，抬起尾巴，然后……

喷出便便！

它将便便喷在了一只毫无防备的企鹅身上！

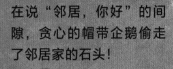

不仅仅是它在喷便便。很快，企鹅们都开始喷便便了，便便炮弹朝四面八方发射。

还以为这里是个文明的社区呢！

麻烦不断的冰洞

对于一只刚出生 10 天的**威德尔海豹**幼崽来说，每天都要面临新的挑战：吃东西、晒日光浴、舒服地躺着。它的母亲就在不远的地方守着它。但今天的挑战是前所未有的，这只幼崽该学习游泳了！

它小心翼翼地盯着眼前的冰洞，慢慢地向前扭动……

水花四溅……

它滑进去了。

威德尔海豹一生中的大部分时间都在冰下活动。但在变化莫测的迷宫般的冰洞里活动时，很容易迷失方向。

这对成年威德尔海豹来说不是问题，因为它们可以屏住呼吸 90 分钟左右，但幼崽只能坚持 8 分钟。幼崽必须小心翼翼，千万不能远离洞口。

突然，一只脾气暴躁的雄性威德尔海豹过来了，它想寻找伴侣。但威德尔海豹妈妈不能分心，它要忙着照顾它的幼崽。

这只雄性威德尔海豹比一架钢琴还重，它离妈妈太近，给幼崽带来了威胁。

雄性威德尔海豹难道不知道吗？

千万不要惹怒威德尔海豹妈妈。

威德尔海豹妈妈转向雄性威德尔海豹，

露出牙齿，

一口咬了上去，

让它的幼崽有足够的时间逃脱。

幼崽终于呼吸到了空气，而受伤的雄性威德尔海豹独自离开去舔舐伤口。今天大家似乎都学到了一些东西。

幼崽学习了游泳，雄性威德尔海豹知道了自己无法抵挡一位母亲的怒火。

冰封南极的居民

深海巨人

在南极洲深邃黑暗的海域中，奇异的生命肆意生长，发展成难以想象的规模。
这里潜伏着各种怪物……

比餐盘还大的**海蜘蛛**。

太阳海星的绰号是"死亡之星"，它们有自行车的车轮那么大。它们在水中舞动着 50 条鱼竿一般的腕足，紧紧抓住毫无防备的磷虾。

巨大的**火山海绵**比大多数人类更高（而且比人类更古老，它们已有大约 15 000 岁！）。

蓝色巨人

唯一比**南极蓝鲸**还大的就是它们自己的胃口。南极蓝鲸和一栋房子一样重，比一辆卡车还长。它们每天要吃掉 4 吨食物——大概相当于一辆救护车的重量。

小身体，大作用

磷虾是一种长得像小虾的生物，数万亿只磷虾会聚集在一起，主要以海藻为食。尽管体形很小，但它们在食物链中发挥着重要作用，因为它们为数百个物种提供了充足的食物，从鱼类到鸟类，还有鲸。

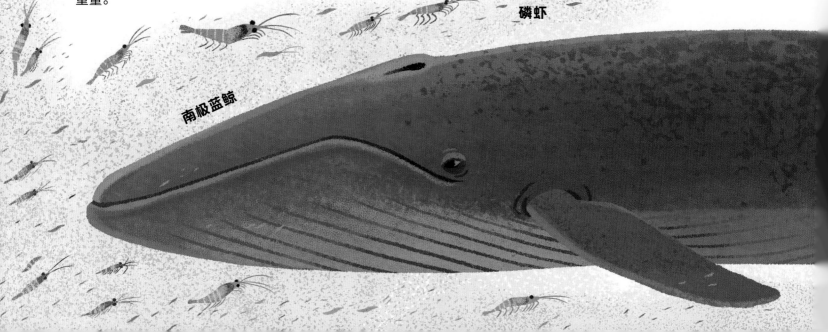

磷虾

南极蓝鲸

雪鹱 **短尾贼鸥**

准备，瞄准……吐

雪鹱在南极洲的内陆筑巢。在岩石缝里筑巢自然是最好的选择，因为这样可以帮助雏鸟抵御寒冷。不速之客短尾贼鸥一直是雪鹱担心的对象，但雪鹱有办法阻止短尾贼鸥吃掉雏鸟和蛋——它会吐出臭气熏天、黏糊糊的胃液。

问候一下海豹和海狗家族

南极洲海域有 5 种海豹和 1 种海狗。它们是拥有敏锐视力的潜水专家，并且能借助海浪的推力冲上海滩。

罗斯海豹　大眼睛、有点神秘的罗斯海豹会独自在浮冰上活动。

南极海狗　南极海狗的样子像小狗，它们可以用前后肢走路。

食蟹海豹　食蟹海豹喜欢吃磷虾，不吃螃蟹！

威德尔海豹　可爱的威德尔海豹可以在水下屏住呼吸超过 1 个小时（如果它不想懒洋洋地躺在冰面上的话）。

豹形海豹　一颗长着牙齿的"鱼雷"！身体光滑且以游泳速度著称的豹形海豹是一种凶猛的肉食动物，它们主要以海豹幼崽和企鹅为食。

象海豹　象海豹能像潜艇一样潜入深海（深度超过 2 000 米），也会在海滩上打盹儿。

制造海浪

每年，南极洲附近的海域先结冰再融化，导致南极大陆的面积先翻倍后减半。夏季，成群的磷虾聚集在水下，为各种鱼类、企鹅、海豹和鲸提供了食物。地球上最聪明的猎手虎鲸也在这里活动。

虎鲸擅长团队合作，它们通过制造波浪，能将毫无防备的威德尔海豹冲下浮冰。发现猎物后，虎鲸会迅速冲上去，然后快速地拍打尾鳍，掀起波浪，让海水冲刷浮冰。于是，失去平衡的威德尔海豹被冲进了海水中。

但这里的情况正在发生变化，由于海水变暖，海冰也逐渐融化。但是威德尔海豹必须找地方休息，所以有的威德尔海豹只能放弃浮冰，前往干燥的陆地。虎鲸的捕食技巧在陆地上无法施展，于是，这些聪明的捕食者只能设法捕食更好斗的食蟹海豹和豹形海豹。它们能否捕到足够多的猎物，只有时间能告诉我们答案。

看来地球最后的冰冻世界如今也已变得脆弱，这里的变化将对整个地球产生影响。

我们的冰冻星球
正在发生变化

由于越来越多的**温室气体**进入大气层，地球正在变暖。这些气体来自给工厂和机动车提供动力的**化石燃料**，以及牛和垃圾填埋场排出的甲烷。

这些气体就像是包裹着地球的毯子，将太阳的热量留在了地球的大气层中，导致地球表面的温度在 20 世纪上升了 1℃。
1℃听起来可能没什么，但足以让我们的冰冻星球融化。

大消融

动植物死亡后，真菌、细菌、蠕虫会立即将它们分解。
在存在永冻层的地方，死去的动植物会被冻结在泥土里长达
数千年，这能锁住这些动植物遗骸中含有的碳，
全球变暖的速度就不会加快。

但随着地球逐渐变暖，永冻层开始融化，
这意味着死去的动植物会开始分解。
这个过程会向大气释放一种被称为甲烷的温室气体，
使地球的温度进一步上升。

如果冻结的土石层融化，
整个地貌将发生变化：
山体滑坡、土壤下沉、苔原出现空洞。

食物链迁移

浮游植物在海洋大量繁殖并广泛分布，为许多物种提供了食物。但随着气候变暖和海水温度的上升，海洋浮游植物需要寻找水温更低的水域。因此，科学家发现海洋浮游植物正在向地球两极移动。

海洋浮游植物在哪里，海洋生物通常就会跟到哪里。

工业革命以来，海洋浮游动物群落跟随海洋浮游植物向极地方向迁移了数百千米。随着海洋浮游动物继续迁移，以它们为食的海洋动物接踵而至，而以这些海洋动物为食的大型捕食者也紧随其后……

整个海洋生态系统的平衡将因此被打破。

不断上升的海平面

随着冰川和冰盖开始融化，冰水不断汇入海洋。冰川融化导致巨大的冰块掉进海洋，形成冰山。无论是冰水还是冰块，都会导致海平面上升。同时，它们给海洋带来了大量淡水，降低了海水的密度，这意味着海水下沉的速度会变慢。

全球输送带是海洋生物获得食物的关键，而它的活动速度将因此减缓。

地球的保护者

如今，科学家可以借助科技探索更高、更远、更深的地方，和人们分享这些冰冻星球的故事。有些人一直在努力保护我们的冰冻星球，并与我们分享这个冰冻星球上的非凡生物的故事。也许有一天你也可以加入他们的行列。

在太空工作

宇航员兼科学家杰西卡·梅尔在国际空间站绕地球飞行了7个月。杰西卡在太空俯瞰我们的地球，并且用照片记录了地球的变化——从融化的冰雪到季节性的森林大火。

深入冰穴

冰川学家阿伦·哈伯德冒险进入格陵兰冰盖中的巨洞。这些巨大的洞穴被称为"冰川瓯穴"。他希望在里面发现冰盖融水的去向。

研究北极熊的毛

护林员根纳季·费奥多罗夫和科学家们在俄罗斯的弗兰格尔岛收集北极熊的毛。当北极熊嗅闻箱子或将爪子伸进箱子时，箱子里的钢丝刷会轻轻地将它们的毛刷下来。这样一来，科学家就能分析这些北极熊来自哪里，以及它们为什么要来到这座岛上的无冰海岸。

追踪海豹

在北极的浮冰上，海洋生态学家詹姆斯·格雷西将卫星追踪器安装在年幼的竖琴海豹身上。詹姆斯会追踪这些海豹的第一次迁徙，了解它们去了哪里，以及它们如何适应海冰逐渐消失的生存环境。

通过直升机探测喜马拉雅山脉的冰川

由于季节性融冰，喜马拉雅山脉中的数千座冰川的雪融水汇入河流，为亚洲的数亿人提供了水源。但随着地球变暖，冰川开始消失，并且是永久地消失了。冰川学家哈米什·普里查德想知道喜马拉雅山脉的这些冰川还能存在多长时间，于是他将一个雷达悬挂在直升机的下方，然后让直升机在喜马拉雅山脉的上方飞行。雷达会根据冰川反射的无线电波测量冰层的厚度，这样一来，哈米什就可以利用这些数据估算现存冰川的体积，以及冰川还能存续多久。

机器人来帮忙

一个国际科学家团队正在研究南极洲思韦茨冰川的冰架，冰川学家斯里达尔·阿南达克里希南就是其中一员。他们让机器人来帮忙！他们首先在冰面钻孔，将机器人放进冰洞测量水温，然后监测冰川融化的速度。

冰冻星球的未来

我们的冰冻星球拥有极端的天气、地貌和季节，并且正在以前所未有的速度发生变化。尽管我们无法让时光倒流，但我们可以帮助人们了解和适应这些变化。人类之所以成为地球的主导物种是有原因的，而这个原因很简单：

我们有能力完成非凡的事情。

每天，世界各地的人们都在学习、探索、创造和发明，如今，更重要的是，

我们也在发生改变。

无论年龄大小，无论能力高低，我们每个人都可以守护冰冻星球的未来。

冰雪圈

水和土壤呈冻结状态的栖息地。

冰雹

雨滴在风暴中凝结在一起，然后以冰块的形式落在地面。

冰山

冰川或冰盖断裂后落入海中，变成漂浮的冰块。

冰盖

由成千上万年的积雪堆积而成且厚度可达数千米的大陆冰川。冰盖正在慢慢地向海洋移动。

冰架

一直在海上漂浮但仍然与海岸相连的冰体，通常在冰川或冰块流向海岸时形成。

冰间湖

海冰间的开放水域。

北方针叶林

又称泰加林，这些常青树种，例如落叶松、云杉，生长在北极冻原以南的区域，横跨北美和欧亚大陆。

叠层石

由低等藻类或细菌经过漫长时间后形成的沉积构造。

浮冰

漂浮在海洋、河流或湖泊表面的冰块。

海冰

覆盖大约 15% 海洋面积的冰原，在秋天形成，春天融化。

海洋浮游动物

在洋流中漂浮的微小动物，例如磷虾和水母。

海洋浮游植物

也被称为浮游藻类，这些微小的植物在洋流中漂浮，是海洋食物链的基础。

化石燃料

地壳中的煤、石油、天然气等自然资源被开采出来，经过燃烧后可产生人们所需的能量。

表

气候变化
全球或某个地区气候模式的长期变化。

全球变暖
地球表面的平均气温不断上升的现象。

全球输送带
携带营养物质在全球范围内不断移动的洋流。

生物群系
共享特定气候和野生生物类型的陆地区域或水域，例如沙漠、草原或热带雨林。

霜
水汽在地面形成一层冷空气，或在地面凝华成冰。

苔原
没有树木的生物群系，这里的土壤主要为永久冻土，因此只有低矮的植物可以存活。这个生物群系降雨稀少，几乎是一片荒漠。

温室气体
地球大气中吸收热量且导致地球表面变暖的气体。温室气体包括人类燃烧化石燃料时产生的二氧化碳，以及牲畜在消化过程中释放的甲烷。

雪花
水滴在云层中凝结，形成复杂的冰晶，然后落在地面。

永久冻土
持续冻结多年的土层。

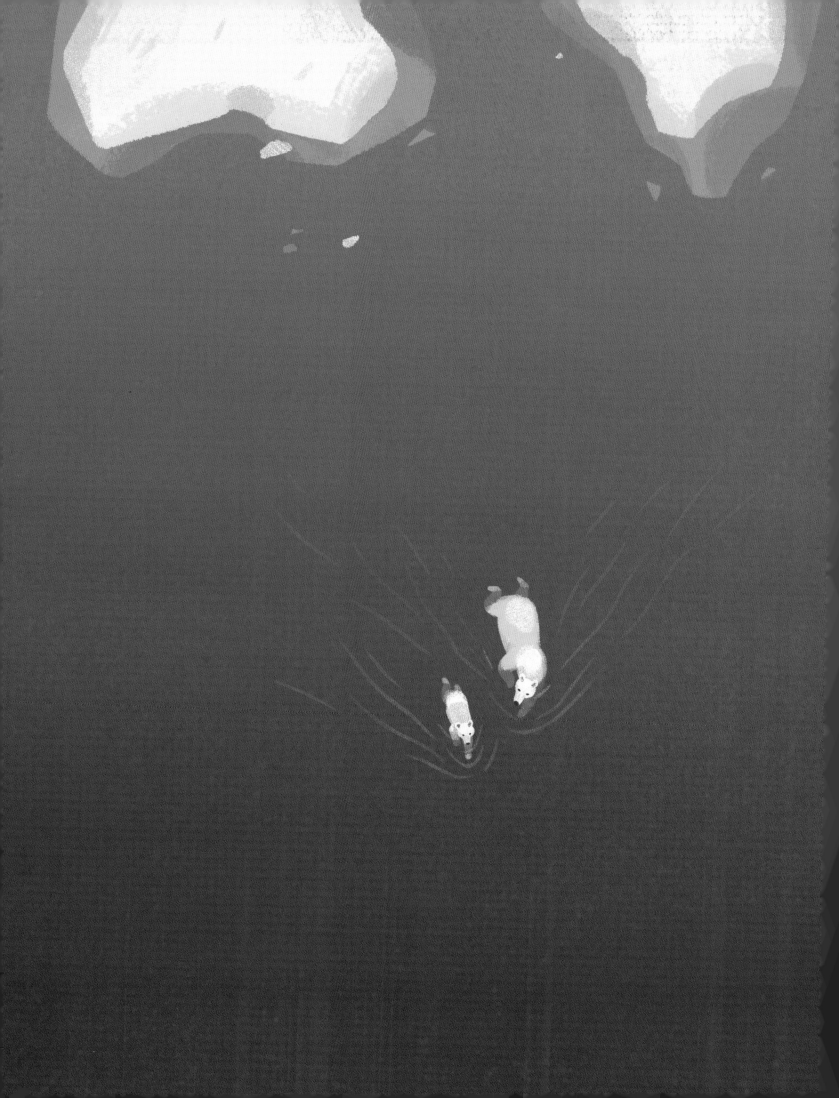